LES PLANTES

QUI TUENT

HENRI COUPIN

Docteur ès sciences
Préparateur de Botanique à la Sorbonne

Les
Plantes qui tuent

Avec 4 planches en couleurs hors texte

PARIS

LIBRAIRIE C. REINWALD

SCHLEICHER FRÈRES & Cie, ÉDITEURS

15, RUE DES SAINTS-PÈRES, 15

1904

Tous droits réservés

Henri **COUPIN**

Docteur ès-sciences
Préparateur de botanique à la Sorbonne

Les plantes

qui tuent

Avec 4 planches en couleurs hors texte

PARIS

LIBRAIRIE C. REINWALD

SCHLEICHER FRÈRES ET Cie, ÉDITEURS

15, RUE DES SAINTS-PÈRES, 15

LES PLANTES QUI TUENT

PLANCHE I

1. **Ciguë vireuse** (*Cicuta virosa*), également appelée *Ciguë aquatique* et *Cicutaire*. — Cette grande ombellifère croît dans les marais. C'est la plus dangereuse des Ciguës : elle cause des empoisonnements analogues à ceux que nous étudierons plus loin pour la Grande Ciguë (n° 6). Sa racine (*b*) qui ressemble un peu à celle du céleri, a été quelquefois confondue avec celle-ci et a provoqué des empoisonnements ; il aurait été cependant bien facile de les empêcher en remarquant que l'intérieur de la racine de la ciguë vireuse est creusé de larges lacunes remplies d'un suc jaunâtre et à mauvaise odeur. Celle-ci est tellement désagréable que les bestiaux eux-mêmes n'y touchent pas. Toutefois, les moutons et les chèvres ont le privilège de pouvoir s'en nourrir sans en être incommodés.

Caractères botaniques de la ciguë vireuse. — Hauteur : o m. 6o à 1 m. 20. Racine (*b*) volumineuse, charnue, blanchâtre, creusée de cavités remplies d'un suc jaunâtre. Tige creuse, un peu rougeâtre à la base. Feuilles très divisées, à folioles dentées et aiguës au bout. Ombelle sans involucre, à dix ou quinze rayons. Ombellules munies d'un involucelle. Fleurs petites et blanches. Cinq pétales échancrés, avec une petite languette. Cinq étamines. Carpelles à cinq côtes aplaties et égales. Vivace.

2. **Petite Ciguë** (*Æthusa cynapium*), appelée aussi *Ache des chiens* et, surtout, *Faux Persil*. — Cette ombellifère est moins vénéneuse que la *Grande Ciguë* (voir n° 6), mais elle peut provoquer des accidents analogues. Ceux-ci sont particulièrement fréquents parce que, d'une part, elle croît de préférence dans les jardins, et que, d'autre part, elle ressemble beaucoup au Persil, à laquelle elle se mêle : on la récolte donc en même temps si l'on ne fait pas suffisamment attention.

Caractères botaniques de la Petite Ciguë. — On la distinguera toujours du persil à ce que sa tige, à la base, a une couleur lie-de-vin et, plus facilement encore, à l'odeur désagréable qu'elle exhale quand on la froisse. En outre, ses fleurs sont blanches, tandis que celles du Persil sont jaunes. Enfin, comme on le voit bien sur notre planche, les involucelles (c'est-à-dire les petites feuilles qui entourent la base des ombellules) sont formés de lanières *pendantes*, tandis que celles du Persil sont étalées.

L'odeur permettra aussi de ne pas la confondre avec le cerfeuil jeune, dont elle a un peu l'aspect général.

3. **Belladone** (*Atropa belladona*). — Cette importante solanée est à la fois une plante médicinale et une plante vénéneuse. Médicinale, quand elle est employée avec précaution et suivant les règles de la médecine ; vénéneuse quand on l'utilise inconsciemment. Ce qui fait son danger principal, c'est que ses fruits sont des baies rouges ou noires assez analogues aux cerises et à diverses baies comestibles et que l'on a ainsi tendance à manger à cause de leur saveur douceâtre : c'est une herbe que l'on doit éloigner avec grand soin de tout endroit où viennent se promener les enfants. C'est, en effet, chez eux que les cas d'empoisonnements par la Belladone sont les plus nombreux. Mais les exemples relatifs aux adultes ne sont pas moins fréquents. C'est ainsi que l'on cite une jeune paysanne qui cueillit des baies, les prenant pour celles de l'Airelle (1), et les vendit à plusieurs personnes ignorantes, qui furent empoisonnées. Le cas le plus navrant est celui rapporté par un médecin, Gaultier de Claubry : en 1813, cent soixante soldats trouvèrent des Belladones près de

---

(1) Voir *Les Plantes qui nourrissent*, n° 22.

leur campement et les mangèrent avidement : quelques-uns moururent et tous en furent énormément malades.

Pour un adulte (les enfants sont plus sensibles), l'ingestion de deux à trois baies n'a aucun inconvénient. De trois à trente baies, se produisent des phénomènes parfois très grands d'empoisonnement. Au-delà de trente baies, la mort est à craindre.

Cette terminaison fatale est cependant assez rare parce que les baies elles-mêmes, prises en quantité suffisante, provoquent souvent le vomissement et, par suite, leur rejet.

Lorsque la quantité de baies ingérées n'est pas suffisante pour amener la mort, vers la deuxième ou la troisième heure après la collation, on observe de la sécheresse de la langue, de la bouche et de l'arrière-bouche. Il se produit quelques nausées. La pupille se dilate et la vue en est troublée. Viennent en même temps des défaillances et de la faiblesse musculaire. Le malade trébuche, tombe comme une masse, essaye de se relever et retombe presque aussitôt. Ensuite apparaissent des phénomènes de vertige : l'intoxiqué semble en proie à une folie agitée, les actes ne sont plus conscients, la mémoire disparaît, la déglutition ne peut plus s'opérer. Les battements du cœur et du pouls s'accélèrent et l'intoxiqué pousse des cris sourds et inintelligibles.

Quand la quantité de baies ingérées est mortelle, les phénomènes précédents sont encore plus violents et apparaissent plus rapidement. L'œil proémine et la vision est presque abolie. Les malades tombent ou se heurtent à tout ce qu'ils rencontrent. Ils croient aussi entendre des cloches tintant au lointain ou divers autres bruits. Ils ne perçoivent plus ce qu'ils touchent et se laissent même brûler les doigts sans paraître s'en apercevoir. Les battements du cœur s'accélèrent, le pouls devient plus petit, la respiration est pénible. Alors, ou bien les malades ne sortent pas de l'état d'insensibilité dans lequel ils se trouvent et meurent tranquillement, ou bien leur agonie est accompagnée de convulsions, de tremblements musculaires, de soubresauts terribles et la mort arrive en quelques minutes, tandis que la figure se grippe et semble grimacer.

Si cette issue fatale n'est pas encore arrivée au bout de six à sept heures après le commencement des phénomènes d'empoisonnement, on peut considérer le malade comme sauvé. Les symptômes, cependant, persistent encore pendant vingt-quatre et quarante-huit heures, mais vont en diminuant. L'intelligence nette ne revient toutefois que de trois à huit jours après, de même que le retour de la vue et de la pupille à l'état normal.

Le principe actif de la Belladone est un alcaloïde, l'atropine. On s'en sert beaucoup en médecine pour provoquer momentanément la dilatation de la pupille et permettre ainsi l'examen du fond de l'œil.

Les animaux carnivores sont plus impressionnables à l'action de la Belladone que les herbivores : les cas d'empoisonnement sont, d'ailleurs, rares chez tous.

Caractères botaniques de la Belladone. — Herbe d'un mètre de haut environ. Tige forte, un peu velue et collante en haut. Feuilles larges, couvertes de fins poils formant un velours, ovales, aiguës au sommet, non dentées. Calice vert à cinq dents, persistant en même temps que le fruit. Corolle gamopétale, tubuleuse, à cinq dents, de couleur pourpre sale ou jaunâtre. Cinq étamines. Les fruits sont des baies (accompagnées du calice) de la grosseur des cerises, d'abord vertes, puis rouges, enfin d'un beau noir. La pulpe tache en rouge vineux. Racine épaisse et charnue. Vivace. Croît dans les lieux incultes et les bois.

PLANCHE II

4. Morelle noire (*Solanum nigrum*). — Cette solanée n'est pas très bien connue au point de vue toxicologique. On a cependant publié des cas où des enfants ont été empoisonnés pour avoir mangé ses baies. On sait aussi qu'elle contient, dans ses feuilles et ses tiges, un alcaloïde toxique, la Solanine, mais en petite quantité. C'est donc tout au moins une plante suspecte.

Caractères botaniques de la Morelle noire. — Taille : 1 à 5 décimètres, couverte de fins poils. Tige herbacée. Rameaux pourvus de lignes saillantes, quelquefois denticulées. Feuilles presque lozangiques, un peu lobées, d'un vert foncé, molles au toucher. Fleurs blanches, petites. Calice persistant à cinq divisions. Corolle étalée, à cinq dents souvent rabattues en dehors. Cinq étamines jaunes appliquées l'une sur l'autre. Fruit (baie), rond, de la grosseur d'une groseille, d'abord vert, puis noir, d'une saveur amère et nauséeuse. Toute la plante dégage une mauvaise odeur. Croît le long des murs et dans les lieux incultes.

5. Douce-amère (*Solanum dulcamara*) — Cette solanée, qui croît un peu partout, le long des haies, est bien connue des herboristes qui récoltent ses tiges et les font sécher pour les vendre en qualité de dépuratives. Cette vertu, si elle existe, est certainement très faible. Sa nocivité n'est pas non plus démontrée, bien qu'on cite quelques poules qui moururent pour avoir becqueté ses baies. Dans le doute, il vaut mieux s'abstenir : mais il ne faut pas non plus être au désespoir quand on apprend qu'une personne en a sucé quelques-unes. On assure que les employés chargés de faire l'*extrait de douce-amère*, ont souvent des plaques enflammées à la face et aux membres.

Caractères botaniques de la douce-amère. — Plante sarmenteuse de 1 à 2 mètres. Tige grêle. Rameaux flexibles, se cassant facilement. Feuilles supérieures simples. Feuilles inférieures découpées en trois segments, dont deux petits et un large, médian. Fleurs violettes en cymes pédonculées. Baies ovoïdes, d'abord vertes, puis rouges. Ecorce à saveur douce, puis amère.

6. Grande Ciguë (*Conium maculatum*). — Cette grande ombellifère, appelée aussi *Ciguë tachetée*, est très commune : elle vit à l'état sauvage sur le bord des chemins, les prairies, les terrains ombragés.

Sa nocivité est connue depuis très longtemps : on dit même que les Athéniens l'employaient pour tous leurs condamnés ; on sait qu'elle fut imposée à l'illustre philosophe Socrate.

Toutes les parties de la ciguë sont dangereuses. Cependant, les feuilles sont plus toxiques avant qu'après la maturité des fruits. Pour ceux-ci, c'est l'inverse : après leur maturité, ils contiennent plus de poison. La racine est peu toxique. Les échantillons qui viennent des pays méridionaux sont plus actifs que ceux qui proviennent du Nord.

Coupée et laissée à l'air avec les fourrages, elle se dessèche et perd presque entièrement ses propriétés vénéneuses. La Ciguë est donc peu à redouter pour le bétail : d'ailleurs, la plupart des bestiaux ne la mangent pas en vert et peuvent en supporter des quantités énormes. Pour produire un empoisonnement mortel, il faut, par exemple, que le cheval ingère environ 2 kilogrammes à 2 kilogrammes et demi de Ciguë fraîche : pour le bœuf, il faut au moins 4 à 5 kilogrammes.

Pour l'homme, elle est plus dangereuse, soit qu'on l'emploie dans un but criminel, soit qu'on s'en serve comme médicament d'une manière inconsidérée : elle est quelquefois ordonnée, en effet, pour produire un soulagement passager dans une maladie douloureuse.

Quand un homme a ingéré une trop grande quantité de Ciguë ou de son extrait, voici, d'après Tardieu, les phénomènes que l'on constate : Une heure environ après l'ingestion de la Ciguë, surviennent des éblouissements, des vertiges, un mal de tête très aigu. La personne empoisonnée titube comme si elle était ivre ;

ses jambes se dérobent. Quelquefois, mais non toujours, des douleurs en avant du cœur se font sentir. La gorge se sèche, la soif est très vive, et cependant la déglutition est parfois impossible. Il y a quelques tentatives de vomissements, mais non suivis d'effet (les vomissements presque constants dans l'empoisonnement par la Ciguë vireuse; manquent souvent dans ceux par la grande et la petite Ciguë). La face est pâle et la physionomie profondément altérée, mais l'intelligence reste nette. Les malades entendent, quoique ne pouvant parler ; le regard est fixe, les pupilles dilatées, la vue trouble et parfois abolie. Des mouvements de spasmes, des contractions brusques des muscles agitent les membres et alternent avec des défaillances qui se répètent par intervalles ; puis, une sorte de stupeur s'empare du malade, chez lequel la respiration annonce seule la persistance de la vie. Le corps se refroidit, la tête se gonfle et l'enflure s'étend quelquefois à d'autres parties ; les yeux sont saillants, la peau livide. Dans quelques cas, on voit éclater un délire furieux et des convulsions épileptiformes. La mort est toujours très rapide et il ne faut pas plus de trois, quatre ou six heures pour que l'empoisonnement par la Ciguë se termine d'une manière funeste.

Le principal agent de la Ciguë est la *conicine*, alcaloïde qui parait agir sur les extrémités terminales des nerfs moteurs.

Caractères botaniques de la Grande Ciguë. — Haute de 1 à 2 mètres. Tige droite, creuse, striée en long et marquée, surtout dans le bas, de taches rouges. Feuilles très divisées, un peu luisantes, dégageant une odeur de souris quand on les froisse. Involucre à folioles refléchies vers le bas et blanchâtres sur le bord. Involucelles à folioles un peu tournées toutes du côté extérieur de l'ombelle. Fleurs blanches. Fruit (*b*) ovoïde, à cinq côtes proéminentes, ondulées, crénelées et séparées par des vallées striées.

7. DAPHNÉ (*Daphne Mezereum*) appelé aussi *Bois-joli, Bois-gentil, Faux-Garou, Lauréole gentille.* — Cette plante, qui appartient à la famille des Thyméléacées, croît spontanément dans les montagnes ; on la cultive aussi dans les jardins à cause de la précocité de ses fleurs.

Toutes les parties du Daphné sont âcres et vénéneuses, mais les fruits ont occasionné le plus d'accidents, car ils sont une tentation pour les enfants qui, parfois, les ont mangés et en ont très vivement ressenti les effets. La dessiccation n'enlève pas, au Daphné, ses propriétés vénéneuses. L'écorce, appliquée sur la peau, agit à la façon des vésicants et la thérapeutique l'emploie dans ce sens. Si l'on mâche une partie quelconque de ce végétal, on éprouve à la bouche, à la langue et au palais, une sensation de brûlure et si la quantité ingérée a été suffisante, il y a empoisonnement, dont les symptômes sont ceux des narcotiques combinés aux drastiques (purgatifs énergiques). Un quart d'heure à vingt minutes après l'ingestion des baies, par exemple, il y a de la prostration, du malaise, de l'hébétude. Un peu plus tard, se montrent des frissons, de la pâleur : il y a perte de connaissance, dilatation des pupilles en même temps qu'insensibilité à la lumière. Tuméfaction de la bouche et des lèvres; coliques et quelquefois nausées. Si la quantité ingérée n'est pas suffisante pour amener la mort, il y a généralement une amélioration marquée après d'abondantes évacuations ; néanmoins l'assoupissement persiste quelque temps encore. Si le dénouement doit être fatal, les douleurs intestinales deviennent d'une violence extrême, il y a dysenterie et évacuations de débris de la muqueuse intestinale en même temps que convulsions musculaires, cardialgie, troubles respiratoires et circulatoires ; la mort arrive au milieu de souffrances atroces. Il ne faut guère qu'une douzaine de baies pour empoisonner un enfant. Le Bois-joli est tellement âcre que les bestiaux qui ont commencé à le brouter s'arrêtent promptement et s'empoisonnent très rarement. (Ch. Cornevin.)

Caractères botaniques du Daphné. — Petit arbuste de 50 à 90 centimètres. Feuilles lancéolées, sans poils, plus pâles en dessous qu'en dessus, apparaissant après les fleurs. Fleurs roses (*b*), sans queue, odorantes, disposées le long de la tige (*a*) en un faux épi, terminé par un bouquet de feuilles jeunes. Fleurs hermaphrodites. Huit étamines. Baies (*c*) ovoïdes, rouges, avec un pépin (*d*).

8. PARISETTE (*Paris quadrifolia*), appelée aussi *Raisin de renard.* — Cette liliacée, d'assez faible taille, est facilement reconnaissable à ses quatre feuilles disposées en croix, sa fleur construite sur le type 4 et sa baie noire bleuâtre. Elle est toxique dans toutes ses parties, mais heureusement assez rare. On fera bien de recommander aux enfants de ne pas manger ses baies quand ils en rencontrent des pieds. L'action des baies se fait sentir sur le cœur. La souche est vomitive et les feuilles antispasmodiques. Son étude toxicologique est encore peu connue.

PLANCHE III

9. Colchique (*Colchicum autumnale*) — Cette Liliacée, aussi connue sous le nom de *tue-chien*, est commune dans les prairies humides. Toutes ses parties, sans exception, sont vénéneuses et leur dessiccation n'enlève pas leurs propriétés nocives, au moins dans leur totalité. Ces parties sont d'ailleurs plus ou moins toxiques suivant l'époque.

Les empoisonnements de l'homme par le colchique sont rares et toujours dus à l'intervention d'une main criminelle. Il n'en est pas de même chez les animaux qui les broutent : de tels empoisonnements s'observent surtout, en France, de fin avril à fin mai et du 15 septembre à fin octobre. Son action ne se fait sentir qu'un temps relativement long après son ingestion et, à ce moment, il est trop tard pour agir parce que le poison a déjà pénétré dans le sang : les vomissements provoqués, généralement utilisés dans les empoisonnements, sont ici inefficaces.

Même quand l'empoisonnement n'est pas mortel, les animaux sont longs à se remettre, douze à quatorze jours au moins et, pendant ce temps, sont constipés et n'ont pas de lait. Quant à la mort, elle arrive de la sixième à la seizième heure après le début des symptômes, lesquels débutent par une abondante salivation et se terminent par un anéantissement complet et un arrêt de la respiration.

Caractères botaniques du Colchique. — En hiver, il se compose seulement d'un oignon profondément enfermé dans le sol. Au premier printemps, il en sort une longue fleur rosée ou violacée, dont l'effet, dans les prairies, est vraiment singulier. Un peu plus tard, la fleur disparaît pour faire place au fruit (*b*), tandis que les feuilles se développent et enveloppent presque entièrement celui-ci tout en s'épanouissant en lanières vert foncé et à nervures parallèles. Le principe actif est un alcaloïde, la *colchicine*.

10. If (*Taxus baccata*). — L'If est cet arbuste à la teinte sombre que l'on cultive si souvent dans les parcs publics ou privés et auxquels, par la taille, on donne toutes les formes possibles et parfois les plus singulières. Avec son air bon enfant, c'est cependant une des plantes les plus dangereuses de notre pays. Plusieurs personnes en ont été empoisonnées, soit qu'elles l'aient confondue avec une autre plante ou qu'elles aient voulu se suicider. Mais les empoisonnements d'animaux sont beaucoup plus fréquents.

Les fruits sont à peine toxiques, mais les feuilles le sont beaucoup : contrairement à ce qui a généralement lieu pour les plantes vénéneuses, les feuilles vieilles sont plus toxiques que les jeunes et cette toxicité ne disparaît pas par la dessiccation ni la cuisson.

La plupart des herbivores broutent l'If sans se douter de ses dangers : il faut donc éviter d'attacher un cheval à un If ou de planter des Ifs dans un endroit où paissent les bestiaux. On a ainsi souvent enregistré des cas mortels chez le cheval, l'âne, le mulet, le mouton, la chèvre, la vache, le porc, le chien, le lapin et quelques oiseaux de basse-cour. Tantôt accompagné d'une vive agitation ou, au contraire, d'un grand état de prostration, l'empoisonnement s'opère quelquefois brusquement : les animaux tombent morts comme s'ils avaient absorbé un poison foudroyant, tel que l'acide prussique. Chez l'homme, la mort arrive avec soudaineté après des étourdissements, des vertiges, des troubles de la vue, de l'assoupissement et une impossibilité à se tenir debout.

Le principe actif de l'If est la *taxine*.

Caractères botaniques de l'If. — Arbuste de 8 à 15 mètres. Tronc droit, rameaux dès la base. Feuilles persistantes, planes, étalées horizontalement, vert luisant en dessus, vert clair en dessous, minces et allongées. Fleurs mâles (*a*) sous forme de petits bouquets d'étamines, entourées d'écailles à la base. Fleurs femelles solitaires. Le fruit est une sorte de noyau (*b*), entouré d'une collerette rouge et charnue, de saveur douce et ne l'enveloppant pas complètement. Bois très dur.

11. **Laitue vireuse** (*Lactuca virosa*). — Cette composée, qui croît spontanément dans les champs, possède des fleurs jaune pâle, les feuilles sont peu poilues et, à l'intérieur, se trouve un suc blanc, qui s'en échappe quand on la brise. En général, les bestiaux la dédaignent. S'ils en prenaient de grandes quantités, ils en seraient certainement très indisposés ; mais c'est un cas tellement rare qu'il est inutile de s'y arrêter. L'intoxication par la Laitue vireuse est d'ailleurs la même que celle que produirait l'ingestion de têtes de pavots. Le principe actif est le *Lactucarium*.

12. **Datura** (*Datura stramonium*), appelé aussi *Stramoine* et *Pomme épineuse*. — Cette Solanée est originaire d'Amérique, mais elle est acclimatée chez nous où on la trouve dans les lieux incultes. Elle a causé déjà quelques empoisonnements chez des enfants qui avaient été séduits par la grosseur des graines et les avaient grignotées pour jouir de leur saveur un peu sucrée. On s'en est servi aussi dans un but criminel : c'est ainsi qu'on rapporte le cas d'aubergistes qui faisaient infuser les graines dans du vin et donnaient celui-ci aux voyageurs pour les anéantir au moins momentanément et les dépouiller tout à leur aise. Toutes les parties sont toxiques. Mais les animaux domestiques, repoussés par son odeur désagréable, n'y touchent heureusement pas. Son intoxication est à peu près la même que celle de la Belladone (voir n° 3).

Le Datura est employé en médecine. Avec ses feuilles, on fait des cigares ou des cigarettes très employées pour combattre l'asthme.

Le principe actif est la *Daturine*.

Caractères botaniques du Datura. — Plante annuelle, haute de o m. 60 à 1 mètre, rameuse. Feuilles larges, à bord sinué denté. Fleurs grandes blanches naissant à la bifurcation des rameaux. Calice vert à cinq dents. Corolle allongée, gamopétales, à cinq dents larges, comme tordue avant son épanouissement. Capsule ressemblant un peu au fruit du marronnier d'Inde, mais plus ovoïde, couverte de piquants. Intérieur de la capsule divisé en deux dans le haut et en quatre dans le bas ; s'ouvrant par quatre valves. Graines d'abord jaunâtres, puis noires, en forme de rein à surface chagrinée.

13. **Jusquiame noire** (*Hyoscyamus niger*). — Cette solanée est vénéneuse dans toutes ses parties : la cuisson, pas plus que la dessiccation ne lui enlèvent ses propriétés malfaisantes. Elle a causé divers empoisonnements par ses racines qui ont été prises pour celles de la chicorée sauvage, du panais, du persil, etc., et par ses jeunes pousses introduites accidentellement dans l'alimentation et par ses graines mangées par des enfants.

Les bestiaux n'y touchent pas quand elle est enracinée, mais ils peuvent en être empoisonnés en l'absorbant mêlée au fourrage. Dans quelques localités, on mélange volontairement à celui-ci des graines de Jusquiame ou de Datura dans l'espoir qu'elles faciliteront leur engraissement ; c'est une pratique que l'on ne doit suivre qu'avec précaution.

Chez l'homme, l'ingestion d'une vingtaine de graines rend très malade, mais n'amène pas la mort.

Les diverses phases de l'intoxication par la Jusquiame sont les mêmes que celles par la Belladone (voir n° 3), avec cette différence qu'il y a une salivation abondante au lieu d'une sécheresse de la bouche. En outre, les malades sont sujets à une hallucination des plus singulières : ils s'imaginent flotter dans l'air au-dessus du sol.

Le principe actif est l'*Hyoscyamine*.

La Jusquiame blanche (*Hyoscyamus albus*) est aussi vénéneuse que la précédente.

Caractères botaniques de la Jusquiame noire. — Plante annuelle de 40 à 80 centimètres, rameuse et poilue. Feuilles oblongues, profondément découpées. Fleurs blanc jaunâtre parcourues par un réseau noir violacé. Calice renflé, persistant. Corolle en entonnoir. Cinq étamines. Capsule à deux loges s'ouvrant par un couvercle et ressemblant ainsi à une petite marmite. Racine assez grosse. Toutes les parties de la Jusquiame sont poilues et visqueuses. Odeur désagréable. Saveur nauséeuse. Croît dans les décombres, autour des habitations.

14. **Ivraie enivrante** (*Lolium temulentum*). — Les Ivraies sont des graminées très communes à l'état sauvage ou à l'état cultivé. On les reconnaît facilement à leurs épillets aplatis, qui sont placés sur le même plan, à droite et à gauche de l'axe de l'épi. L'Ivraie enivrante, qui est la seule dangereuse, sera facilement dis-

tinguée des autres par la première feuille verte (glume) de chaque épillet, qui dépasse notablement celui-ci (voir notre gravure), tandis que dans le Ray-grass anglais (*Lolium perenne*) et le Ray-grass d'Italie (*Lolium italicum*), cette glume est plus petite.

La tige et les feuilles ne sont pas dangereuses. Le grain est au contraire vénéneux aussi bien pour l'homme que pour les animaux. Elle cause des empoisonnements nombreux par la facilité avec laquelle son grain se mélange au fourrage et sa farine à celle du pain.

On mélange quelquefois le grain de l'Ivraie énivrante à l'orge avant de faire de la bière pour donner du « montant » à celle-ci. A l'époque de saint Louis, cette pratique était, cependant, déjà défendue.

Nous ne possédons que peu de documents sur la quantité de graines nécessaire pour amener la mort. Cette quantité doit être élevée, car si les empoisonnements ont été relativement communs, surtout autrefois où la condition du paysan était loin d'être ce qu'elle est actuellement et où l'on ne s'attachait point à l'épuration des grains et des farines comme aujourd'hui, les cas où la mort en a été le dénouement sont fort rares. On en cite un où l'individu qui succomba avait consommé un pain fabriqué avec un tiers de farine de froment et deux tiers de farine d'Ivraie. Dans un autre exemple, un paysan avait fait moudre du blé et de l'ivraie dans la proportion de 1 du premier pour 5 de la seconde ; la consommation du pain fait avec la farine qui en résulta amena sa mort. La dose de 30 grammes de farine d'Ivraie paraît être le maximum de ce qu'un homme adulte peut prendre sans ressentir de symptômes fâcheux ; au delà commencent des accidents qui vont en augmentant proportionnellement à la quantité ingérée. Les ruminants et les oiseaux de basse-cour paraissent plus sensibles aux effets de l'Ivraie ; il faut aller jusqu'à 15 à 18 grammes de graines par kilogramme de poids vif pour produire des phénomènes de malaise : titubation, salivation, grincement de dents, arrêt d'appétit et de rumination chez le mouton. Les porcs sont très peu affectés par l'Ivraie ; les poules et les canards sont moins sensibles encore à ses effets, car Clabaud rapporte qu'il a nourri pendant cinq semaines des poulets, d'abord avec de l'Ivraie en grains, puis de pâte faite de farine, puis de son, puis de pain d'Ivraie et enfin de grains d'Ivraie fermentés, tout cela sans que les animaux aient présenté les symptômes spéciaux de l'empoisonnement ; il fait seulement remarquer qu'ils avaient beaucoup maigri à ce régime (Ch. Cornevin).

Chez l'homme, l'ingestion de l'ivraie amène du vertige, des éblouissements, de la raideur dans les mouvements, de la courbature, de la somnolence, qui dégénère bientôt en sommeil. Si la quantité ingérée est plus forte, il y a des vomissements, des troubles de la vue, des bourdonnements d'oreilles, puis des diarrhées douloureuses. Après celles-ci, si la quantité absorbée est mortelle, la respiration se ralentit, il y a des convulsions et du délire.

Chez les animaux intoxiqués par l'Ivraie, voici, d'après MM. Baillet et Filhol, ce qu'on observe :

Lorsque l'on fait prendre à des carnassiers (chiens ou chats) de l'Ivraie que l'on réduit en farine et que l'on associe à leurs aliments ordinaires, à la dose de 250 à 500 grammes pour le chien, et de 40 à 200 grammes pour le chat, on ne tarde pas à voir se manifester les effets de cette substance toxique. Un quart d'heure, une demi-heure ou une heure au plus, après l'ingestion, l'animal devient triste et cherche à se retirer dans un coin du lieu où on l'observe. En même temps, des tremblements apparaissent dans diverses régions du corps ; ces tremblements d'abord faibles, locaux et passagers, deviennent bientôt généraux, continus et d'une violence plus ou moins marquée. Le plus souvent ils sont accompagnés de contraction spasmodique des muscles, des membres, du cou, de la face et des paupières, de mouvements convulsifs, et parfois même de raideur tétanique momentanée du cou, des membres et de la queue. Souvent les animaux que l'on voit d'abord répandre une bave abondante et filante finissent par vomir, mais l'absorption des principes actifs est si rapide que le vomissement, même lorsqu'il est effectué fort peu de temps après l'ingestion du poison, ne suffit pas pour soulager le malade et pour le tirer de danger. Il est même ordinaire de voir les symptômes s'aggraver dans les instants qui suivent le rejet des matières contenues dans l'estomac. Lorsque les animaux qui sont sous le coup de l'empoisonnement par l'Ivraie sont abandonnés à eux-mêmes, ils cherchent à se coucher. Si on les fait lever et marcher, d'autres symptômes apparaissent. En général, on voit l'animal écarter les membres comme pour élargir sa base de sustentation ; sa démarche est embarrassante, chancelante, il pose ses pattes sur le sol avec hésitation, comme s'il éprouvait quelque douleur, et, le plus souvent les tremblements généraux et les contractions involontaires des muscles sont si fortes, que le malade pour se soutenir est obligé de s'appuyer contre le mur ou contre les corps voisins. Si, alors, on le force à marcher, il trébuche et parfois même, ses membres fléchissant brusquement, il s'affaisse sur le sol et ne se relève qu'avec difficulté. Quelques sujets, dans les intervalles des crises où les symptômes s'exagèrent, recherchent les boissons, mais ils ne boivent qu'avec beaucoup de peine, à cause des tremblements dont les mâchoires sont agitées. Il en est de même encore lorsqu'ils veulent prendre les aliments qu'on leur présente au moment où les symptômes commencent à se calmer.

Quelque vives que soient les douleurs qu'éprouvent les animaux soumis à l'influence de l'Ivraie, la part d'intelligence que la nature leur a départie ne paraît nullement altérée. Ils entendent encore parfaitement les voix des personnes qui leur donnent des soins, répondent à leur appel en levant la tête, en agitant la queue, et parfois même, lorsqu'ils ne peuvent plus marcher, ils se traînent sur le sol pour venir chercher des caresses. Il semble néanmoins qu'à ce moment les sensations que l'animal perçoit par les yeux sont confuses. Presque toujours, en effet, les pupilles sont énormément dilatées.

Quand la dose d'Ivraie administrée n'est pas suffisante pour déterminer la mort, les symptômes se calment peu à peu. Le temps après lequel le calme survient est très variable. Le plus souvent, il est de trois à six ou huit heures. En général une période de somnolence et de coma succède à la violente agitation et aux convulsions qui se sont d'abord montrées. L'animal se couche et s'endort, et, pendant son sommeil, on observe encore des tremblements, et, de temps à autre, des soubresauts de tout le corps et des mouvements convulsifs dans les membres. Toutefois, ces derniers symptômes ne tardent pas à disparaître à leur tour, et c'est tout au plus si, le lendemain de l'expérience, on voit encore, à des intervalles de plus en plus rares, des tremblements partiels.

Lorsque la dose du poison est assez élevée pour déterminer la mort, les symptômes, au lieu de se calmer, s'aggravent. Les convulsions deviennent d'une violence extrême, et c'est le plus ordinairement au milieu d'une crise de convulsions que l'animal succombe.

PLANCHE IV

15. ARUM (*Arum maculatum*), appelé aussi *Gouet* et *Pied de veau*. — Cette singulière plante est très commune dans les bois, dès le premier printemps. Toutes ses parties sont vénéneuses, mais il faut redouter surtout ses fruits qui se montrent sous formes de baies rouges tassées les unes contre les autres : si des enfants les mangent malgré leur odeur désagréable, ils en sont empoisonnés. Quant aux feuilles et aux souches souterraines, elles ne sont qu'accidentellement ingérées par les animaux et toujours en quantité insuffisante pour amener la mort. Tout se borne à quelques malaises. La bouche est enflammée, la salive coule, la déglutition est difficile. Puis viennent de vives douleurs intestinales, de l'agitation, du balancement de la tête et une purgation énergique.

Si la quantité ingérée est susceptible d'amener la mort, en outre de l'effet purgatif on constate des crampes, des convulsions, des douleurs épouvantables d'estomac, avec une forte sensation de brûlure à l'arrière-gorge. Chez les enfants, la mort survient de la dixième à la vingtième heure. C'est donc une plante dont il faut grandement se méfier.

Caractères botaniques de l'Arum. — Plante d'assez faible taille. Souche souterraine épaisse et rhizomateuse. Tige molle. Feuilles larges, en forme de fer de lance, souvent marquées de marbrures. Fleurs enveloppées d'un large cornet vert, replié sur lui-même (spathe). Au milieu de cette spathe, il y a une longue colonne (spadice) se terminant en haut par une longue massue blanche ou plus souvent pourprée marbrée. Au bas de la colonne, on remarque des étamines, des carpelles et diverses fleurs avortées ; il n'y a ni calice, ni corolle. Les fruits ont des baies rouges, tassées les unes contre les autres, et côtelées (b).

16. ACONIT NAPEL (*Aconitum napellus*). — Cette Renonculacée pousse spontanément dans les montagnes, mais elle est surtout dangereuse parce qu'on la cultive dans les jardins comme plante d'ornement. Sa nocivité est très variable. Les pousses sont plus actives dans leur jeune âge, mais deviennent de plus en plus dangereuses en vieillissant, pour acquérir leur maximum de toxicité un peu avant la floraison. Les pieds du Midi de la France sont beaucoup plus dangereux que ceux qui viennent dans le Nord. Ceux qui sont cultivés sont moins vénéneux que ceux qui croissent à l'état sauvage. Enfin, de toutes les parties de la plante, les racines sont le plus à redouter. Viennent ensuite les graines et les feuilles.

Les cas d'empoisonnements pour l'homme ont presque tous pour origine les racines de l'aconit, que l'on a confondues avec le navet ou la rave. Ils sont aussi quelquefois dus à l'emploi inconsidéré ou criminel de l'aconitine que l'on en extrait et qui sert en médecine.

Ce qui domine dans l'empoisonnement par l'aconit, ce sont les phénomènes de dépression du système nerveux (engourdissement), de l'appareil circulatoire (diminution de la fréquence du pouls) et de l'appareil respiratoire (gêne dans la respiration). Quand la quantité ingérée doit amener la mort, la face est pâle et anxieuse, la voix s'affaiblit, les forces baissent, la bouche écume, la pupille se dilate, le pouls devient imperceptible, la vue et l'ouïe disparaissent, la peau se refroidit. Enfin la respiration s'arrête tandis que le cœur continue à battre. L'intelligence enfin disparaît quand commence l'asphyxie qui doit emporter le malade.

L'empoisonnement par l'aconit est très dangereux parce qu'on ne lui connaît aucun contrepoison.

Caractères botaniques de l'Aconit Napel. — Plante herbacée d'un mètre de hauteur. Souche souterraine en forme de navet, noirâtre. Feuilles luisantes en dessus, vert-pâle en dessous, très divisées, un peu palmées. Inflorescence en grappe. Fleurs bleues. Calice à cinq sépales bleus et inégaux dont le supérieur a la forme d'un casque. Corolle complètement cachée par celui-ci et formée de deux pétales renflés au bout et contournés d'une manière bizarre. Nombreuses étamines. Fruit formé de quelques follicules.

17. Aconit jaune (*Aconitum Anthora*). — Cette espèce diffère de la précédente par ses feuilles palmées, moins divisées, ses fleurs jaunes et le casque plus élevé. Elle est vénéneuse comme elle et son histoire est la même. On la trouve dans les montagnes et les jardins.

18. Digitale (*Digitalis purpurea*), appelée aussi *Gant de Notre-Dame*. Cette jolie scrofulariée est assez commune à l'état sauvage, surtout dans les bois et souvent cultivée *dans les jardins*. La médecine l'emploie beaucoup pour en extraire le principe actif, la *digitaline*, très efficace dans certaines maladies de cœur. L'emploi inconsidéré de ce médicament a amené de nombreux empoisonnements. De même la digitale elle-même a été employée dans un but criminel, pour se débarrasser de quelqu'un dont on voulait la mort. Celle-ci peut arriver après l'ingestion de 10 grammes de feuilles sèches ou de 40 grammes de feuilles fraîches. Leur nocivité n'est détruite ni par la cuisson, ni par la dessiccation. Les animaux heureusement ne la broutent pas : *dans les montagnes, les chèvres elles, mêmes, si voraces, la respectent, comme si elles avaient conscience de ses dangers.*

A dose moyenne, la digitale agit primitivement sur le système nerveux et par action réflexe sur divers appareils organiques. On voit survenir des vomissements et des coliques, mais seulement au bout de 24 ou 36 heures, ce qui prouve qu'il ne s'agit point d'une action locale. L'action de la digitale sur le cœur est des plus remarquables. il y a un ralentissement du pouls, qui se manifeste de 10 à 24 heures après une administration et qui, une fois commencée, continue et augmente, même quand il n'y a pas de nouvelles prises de digitale ; il peut être constaté huit jours après le début. En même temps qu'il y a ralentissement, il y a une énergie plus grande des contractions cardiaques. Du côté du système nerveux on note de la pesanteur de la tête, de la céphalalgie, des bourdonnements d'oreilles et parfois des hallucinations ; on constate aussi une action déprimante sur le système musculaire. Quand la quantité *ingérée est suffisante pour produire la mort*, l'anxiété et la douleur épigastrique sont poignantes, les nausées et les vomissements incoercibles, les vertiges s'accentuent, la peau se refroidit, il y a de l'affaissement, des hoquets. Le pouls est irrégulier, fréquent, puis lent, pour redevenir fréquent à la deuxième période. Parfois on voit des mouvements convulsifs. Il ne faut point oublier que la marche de l'empoisonnement par la Digitale est insidieuse ; il est rare que la mort arrive rapidement ; pour cela, il faudrait que la quantité ingérée ait été élevée. Le plus souvent, elle est lente à venir, on l'a vue survenir huit et même dix jours après le début des accidents, alors qu'on croyait les malades sauvés (Ch. Cornevin).

Caractères botaniques de la Digitale. — Plante herbacée pouvant atteindre un mètre de haut. Tige droite. Feuilles alternes, ovales, oblongues. Inflorescence en grappes. Fleurs grandes et pendantes, rouges et rosées. Corolle en tube, irrégulière, poilue et piquetée de rouge foncé. Quatre étamines. Capsule à deux valves contenant de nombreuses petites graines. Racine très divisée. Bisannuelle ou vivace.

19. Euphorbe (*Euphorbia lathyris*), appelée aussi *Epurge*. — Cette plante est vénéneuse et a causé des empoisonnements de diverses façons. C'est ainsi que les paysans, dans le but de se purger, avalent des graines de l'Epurge, et s'ils dépassent la dose, en éprouvent de graves dommages. La même plante peut empoisonner indirectement lorsqu'on boit du lait d'une chèvre qui en a brouté (sans elle-même en être atteinte) ou lorsqu'on se nourrit d'escargots qui s'en sont abondamment nourris. Trois quarts d'heure après l'ingestion, surviennent des vomissements accompagnés d'un abaissement de température. Bientôt apparaissent des vertiges, du délire, des secousses musculaires, des troubles respiratoires, d'abondantes sueurs. L'ingestion des deux graines seulement mâchées suffit à amener des vomissements.

Caractères botaniques de l'Euphorbia. — Plante herbacée, laissant échapper de toutes ses parties un liquide blanc quand on la casse (latex). Feuilles alternes, allongées, étroites. Fleurs entourées de lactées jaunâtres et accompagnées de croissants jaunes. Le fruit est une coque contenant trois grosses graines.

20. Aristoloche (*Aristolachia clematitis*. — La racine de cette plante était autrefois employée comme fébrifuge, mais elle n'est plus usitée. Elle est en effet très vénéneuse et agit violemment sur le système nerveux. Heureusement son odeur forte est désagréable, sa saveur âcre et amère, font qu'on ne l'emploie pas souvent. C'est une plante sauvage, commune un peu partout. Elle fleurit en mai-septembre.

Caractères botaniques de l'Aristoloche. — Plante herbacée. Feuilles alternes en forme de cœur. Fleurs en forme de cornets jaunes. Avant la fécondation, ces fleurs sont dressées (*b*) et garnies de poils à l'intérieur.

lorsqu'une mouche y a pénétré et a involontairement transporté du pollen sur le stigmate, les poils disparaissent et la fleur se rabat vers le sol (c).

21. FAUSSE ORONGE OU AMANITE TUE-MOUCHES (*Amanita muscaria*). — Ce champignon vénéneux est aussi connu sous les noms vulgaires de *Dourguino, Faux cocon, Grapaudin roux. Franjel que empoussino, Lera roussa, Majolo folo, Oriol fol, Real velanace, Rouge, Royal picotat.*

Voici ses principaux caractères.

Dessus du chapeau rouge vif, quelquefois orangé. Généralement recouvert d'écailles irrégulières, comme craquelées, blanches et simplement collées à sa surface : on les enlève facilement avec le doigt et cela, d'ailleurs, s'effectue naturellement par l'effet de la pluie ou de la rosée. Il ne faut donc pas accorder à l'absence de pellicules une grande importance pour la reconnaissance de l'espèce ; mais leur présence suffit à caractériser ce champignon.

Feuillets du dessous du chapeau blancs ou blanc crème très pâles, jamais jaune vif. La poussière qui en tombe (spores) est blanche.

Il n'y a pas d'étui entourant la base du pied.

Chapeau de 8 à 15 centimètres de diamètre, à bord ordinairement légèrement marqué de petites lignes fines rayonnantes.

Pied blanc avec une collerette blanche, quelquefois jaunâtre au bord. La base du pied est généralement renflée et présente des sortes de petites écailles ou simplement des cicatrices linéaires.

Chair blanche ; sous la pellicule du chapeau elle est un peu jaune rougeâtre.

Commun dans le Nord et le Centre de la France. Rare dans le Midi. Vit dans les forêts, surtout dans le voisinage des bouleaux. En été et surtout en automne.

Très vénéneux. Rend très malade, mais cause rarement la mort. Dans certaines régions, on place le chapeau avec un peu d'eau sur une assiette. Les mouches qu'il attire ne tardent pas à mourir. On en tire aussi une liqueur enivrante dont l'effet est analogue à l'action du haschich. On assure que la veuve du czar Alexis mourut pour en avoir absorbé une trop forte dose.

Inutile de dire qu'il y a bien d'autres champignons vénéneux que celui qui est figuré ici, mais ce qui rend sa connaissance absolument indispensable c'est que, si l'on n'est prévenu, on peut le confondre avec le meilleur des champignons, l'*Oronge vraie*. Celui-ci lui ressemble beaucoup au premier abord, mais on le reconnaîtra toujours facilement à ses *feuillets jaunes* et aussi à l'absence d'écailles floconneuses sur le chapeau. D'ailleurs cette confusion se fera rarement si l'on considère que la Fausse-Oronge habite plutôt le Nord, tandis que l'Oronge vraie habite plutôt le Midi de la France.

b
a
1. Ciguë vireuse.
2. Petite Ciguë.
3. Belladone.

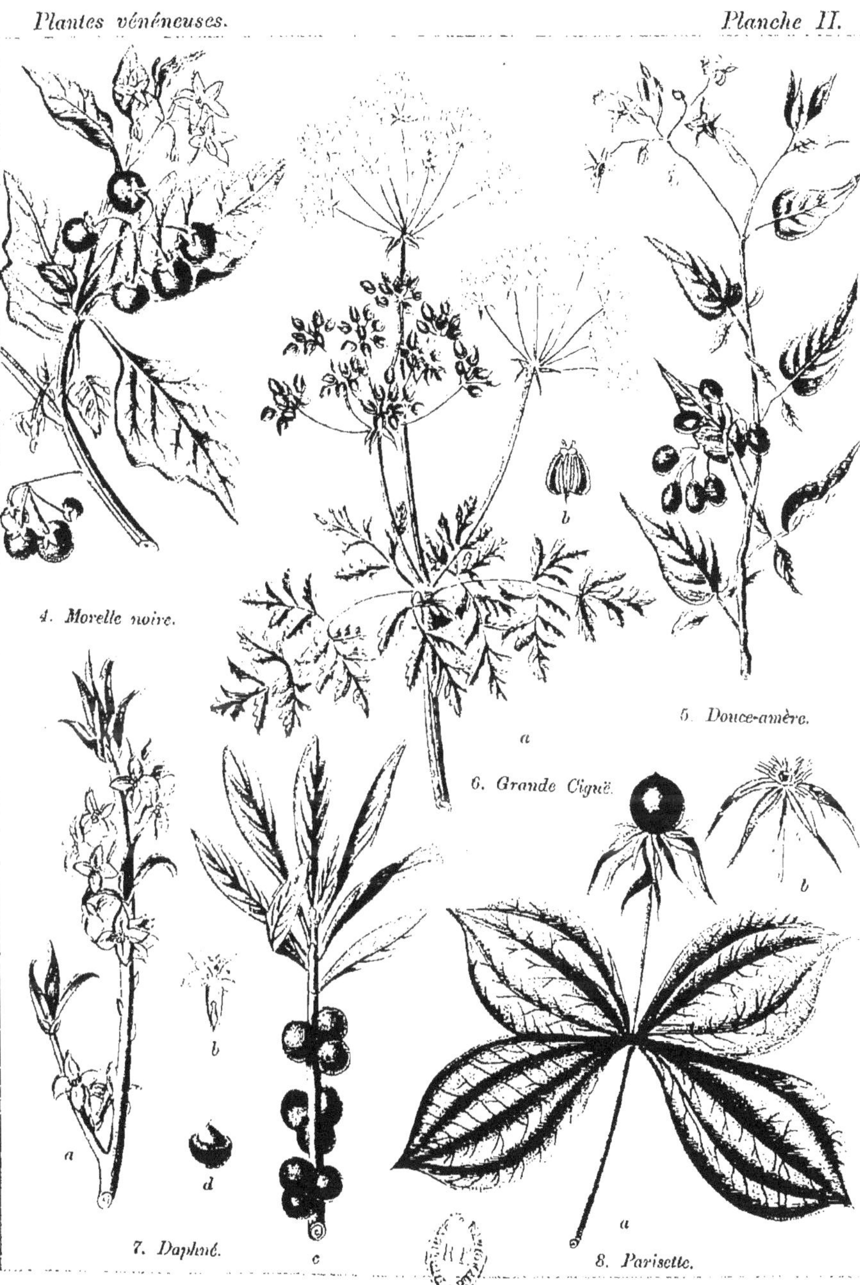
4. Morelle noire.
5. Douce-amère.
6. Grande Ciguë.
7. Daphné.
8. Parisette.

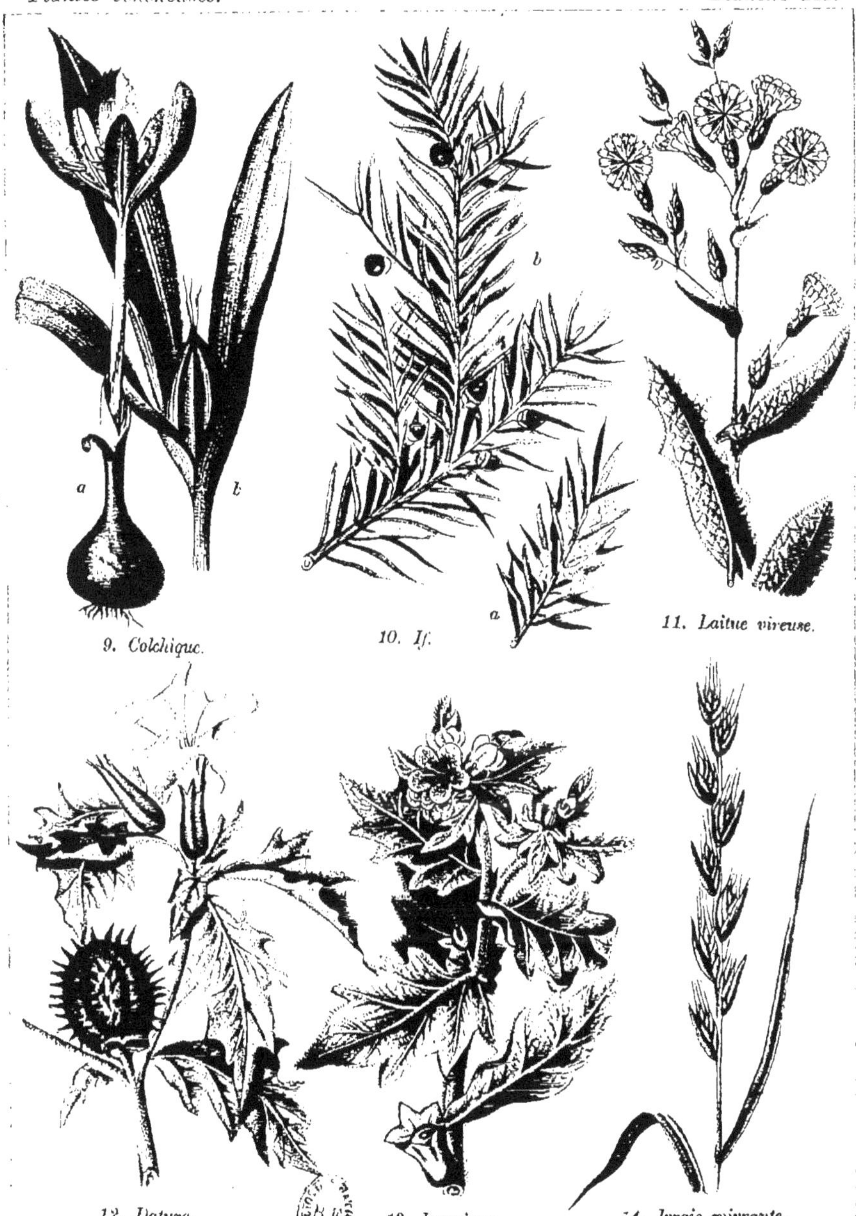

a
b
a
9. Colchique.
10. If.
11. Laitue vireuse.
12. Datura.
13. Jusquiame.
14. Ivraie enivrante.

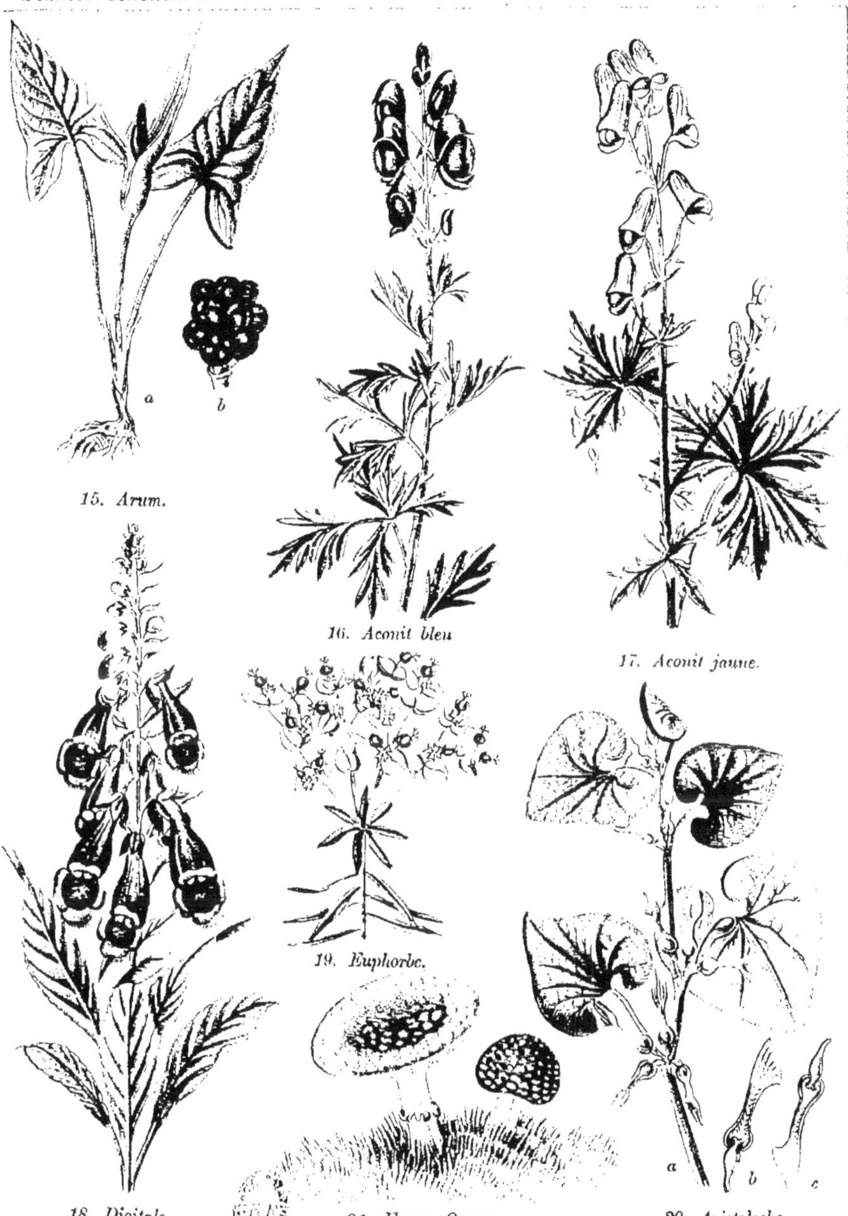

15. *Arum.*

16. *Aconit bleu*

17. *Aconit jaune.*

18. *Digitale.*

19. *Euphorbe.*

21. *Fausse Oronge.*

20. *Aristoloche.*

www.ingramcontent.com/pod-product-compliance
Ingram Content Group UK Ltd.
Pitfield, Milton Keynes, MK11 3LW, UK
UKHW021642130726
13696UKWH00005B/2347